Sonja Rieber

Zur Geoökologie von Watt- und Marschgebieten in Norddeutschland und ihre Veränderung durch den Menschen

GRIN Verlag

Bibliografische Information der Deutschen Nationalbibliothek:

Die Deutsche Bibliothek verzeichnet diese Publikation in der Deutschen National-
bibliografie; detaillierte bibliografische Daten sind im Internet über http://dnb.d-
nb.de/ abrufbar.

Impressum:

Copyright © 2004 GRIN Verlag GmbH
Druck und Bindung: Books on Demand GmbH, Norderstedt Germany
ISBN: 978-3-640-16122-5

Dieses Buch bei GRIN:

http://www.grin.com/de/e-book/114490/zur-geooekologie-von-watt-und-marsch-
gebieten-in-norddeutschland-und-ihre

Eberhard-Karls-Universität Tübingen
Geographisches Institut
SS 2004, 07.07.2004
HS Geoökosysteme ausgewählter Landschaftszonen

Hausarbeit zum Thema:

Zur Geoökologie von Watt- und Marschgebieten in Norddeutschland und ihre Veränderung durch den Menschen

Vorgelegt von:
Sonja Rieber
Fachsemester: 6

<u>**Inhaltsverzeichnis:**</u>

<u>**Abbildungsverzeichnis:**</u>

<u>**Tabellen:**</u>

I. Einleitung:

Das etwa 500km lange Wattenmeer erstreckt sich entlang der Küste zwischen Den Helder in den Niederlanden und Esbjerg in Dänemark. Es ist ein einzigartiger Lebensraum, denn es wird vom Meer und dem Festland wechselseitig beeinflusst und unterliegt daher einer fortwährenden Wandlung. Unaufhörlich laufen hier Prozesse unterschiedlicher Art ab. Der Küstenbereich außerhalb der Deiche ist dem ständigen Spiel der Elemente ausgeliefert. So hat sich nicht zuletzt deswegen, weil es sich um einen amphibischen Raum oder ein „Sechsstundenland" (FIEDLER 1992:13) handelt, ein extremer Lebensraum herausgebildet. In der vorliegenden Arbeit sollen nun die Entstehung, Charakteristika und Strukturen des Wattenmeeres und der angrenzenden Marschflächen untersucht werden.

Nach einem allgemeinen Teil beschäftigt sich die Arbeit mit dem Einfluss des Menschen auf diese Landschaft und zeigt aktuelle Probleme auf. In diesem Rahmen wird auch die Frage zu erörtern sein, ob es sich, wie immer wieder behauptet, beim Wattenmeer um eine der letzten Urlandschaften Europas handelt.

II. Hauptteil:

1. Begriffsklärungen:

1.1 Das Watt:

Glaubt man dem Duden so hängt die Herkunft des Wortes „Watt" vermutlich mit dem althochdeutschen „wat" für Furt und „watan"= waten zusammen. Somit wäre das Watt also ein Gebiet, das man durchwaten kann (REINECK 1994:48).

Nach LÜDERS & LUCK (1976), zitiert in REINECK (1994:48), ist das Watt „...das Übergangsgebiet vom festen Land zum Meer an einer Tidenküste, das im Verlauf der Tidenbewegung bei Flut überströmt wird und bei Ebbe trockenfällt. Die obere Grenze ist die Uferlinie (MThw-Linie), die untere die Wattlinie oder Strandlinie." Eine zusätzliche Bedingung wäre, dass das Gebiet nur an einer Flachküste entstehen kann.

Eine geologische genauere Definition gibt REINECK (1994:49) selbst:

Sein erster Punkt ist, dass alle Watten im Tidenbereich liegen. Außer den Watten der Nordsee, um die es in dieser Arbeit geht, findet man auch noch weitere Watten. Zum Beispiel an der Ostküste der USA, in Kanada, im Golf von Kalifornien, Mangrovenwatten in Brasilien...

Das zweite Merkmal ist laut REINECK, dass die Watten im marinen Bereich liegen müssen. Ausnahmen sind die Süßwasserwatten an Flüssen, die von der Tidenbewegung beeinflusst sind, wie z. B. die Weser und die Elbe. Drittens sind Watten aus marinem Material aufgebaut und haben eine marine Fauna und Flora, Ausnahmen sind auch hier die Flusswatten. Dass das Watt aus Lockersedimenten bestehen, ist REINECKS vierter Punkt. Das so genannte Felswatt an der Küste von Helgoland bildet hier eine Ausnahme.

In seinem fünften Punkt teilt er ein ausgereiftes Watt in drei Stockwerke eine: Das Supralitoral, Eulitoral und Sublitoral. Da diese identisch sind mit den verschiedenen Ablagerungsräumern der Sedimente, wird in Kapitel 6 auf diese Begriffe eingegangen werden.

Des Weiteren unterteilt REINECK die Watten nach ihrer Lage. Geschütze Watten finden sich hinter den Barriere-Inseln, wie den Ostfriesischen Inseln. Offene Watten sind Watten, die nicht im Schutz solcher Inseln liegen. Außerdem gibt es auch Flusswatten, Ästuarienwatten und Strandwatten, deren Namen ihre Lage bezeichnen. Eine andere Unterscheidung der Watten kann anhand des abgelagerten Materials geschehen. Je nach Zusammensetzung der Sedimente spricht man dann von Sand-, Schlick- oder Mischwatt, worauf später noch genauer eingegangen wird.

Die Abgrenzung zum Lebensraum des trockenen Strandes nimmt REINECK (1994:51) anhand einer Tabelle vor, die hier leicht verändert wiedergegeben wird:

	Watt	Nasser Strand
Morphologie	breit, flach eben*	schmal, steil, Strandriffe und Priele
Korngröße	meist fein	wenn vergleichbar, meist gröber
Sortierung bei gleicher Lieferquelle	schlecht	besser
Sedimentzonierung	meist deutlich (Sand-, Misch- und Schlickwatt)	schwach
Biozönosen	artenreich, individuenreich, Watten werden von anderen Arten besiedelt als Strände	artenarm, individuenarm
Supralitoral	meist Salzwiesen	Trockener Strand

* Bei offenen Watten kann es an der Wattkante zum Formenschatz eines Nassen Strandes kommen.

Tabelle 1: Abgrenzung des Watts zum Nassen Strand

Quelle: REINECK (1994:51), leicht verändert

1.2 Die Marsch:

Die Marsch ist ein „ geomorphologisch-pedologischer Landschaftstyp, der im Bereich von Gezeitenküsten und gezeitenbeeinflussten Flussmündungen entsteht, wobei der natürliche Sedimentationsvorgang durch Maßnahmen der Landgewinnung an den Küsten unterstützt werden kann" (LESER 1997:495). Außerdem versteht man unter Marsch auch „Ablagerungen aus Feinsand und Schlick an gezeitenaktiven Flachküsten und in Flussmündungen. Das sedimentierte Material stammt aus der Flusstrübe oder wird an anderen Küstenteilen erodiert und durch Gezeitenströme herangeführt (...). Sobald die Anschwemmung über den Mittelwasserstand hinaus wächst, befestigt man sie durch halophile Pflanzen" (LESER 1997: 495).

Das Marschland schließt sich also landwärts an die Wattflächen an und entsteht, sobald das Watt weit genug angewachsen ist, dass sich erste Pflanzen ansiedeln können. Ältere, eingedeichte Marschen liegen oft niedriger als die jungen und werden regional verschieden als Koog, Polder oder Groden bezeichnet. Marschen finden sich nicht nur an der Meeresküste, sondern auch entlang der großen Ästuare und werden dann als Flussmarschen bezeichnet.

Unter den Marschen versteht man aber auch den Boden, der sich im Marschland findet. Hier ist der Name der Landschaft auf den Boden übertragen worden.

2. Die Entstehung der Norddeutschen Wattenküste und der Marschen

Die Entstehung des behandelten Raumes steht in engem Zusammenhang mit der Entstehung der Nordsee selbst, weswegen zunächst ein Exkurs über die Nordsee notwendig ist.

Bereits im Tertiär war der Bereich der Nordsee ein Senkungsgebiet und diese Senkung setzte sich auch im Quartär fort, was dazu führte, dass sich hier quartäre Sedimente anhäuften. Während des Quartärs gab es im Nordseegebiet mehrere Vereisungen, infolge derer die Nordsee mehrmals teilweise oder ganz von Eis bedeckt war. Auf Grund der eustatischen Absenkungen des Meeresspiegels fielen große Teile trocken. In der bisher letzten Kaltzeit, der Weichsel-Eiszeit vor ungefähr 20 000 Jahren, lag der Meeresspiegel mehr als 100m tiefer als heute (POTT 1995:13). Als das Eis zum Ende der Kaltzeit abzuschmelzen begann, stieg er jedoch sehr rasch wieder an und es kam zu einer Transgression des Meeres nach Süden. In folge der Transgression entstanden Vermoorungen entlang der Küste, denn das Meer schob eine Vernässungszone vor sich her, die später wiederum von marinen Sedimenten überdeckt wurden. Als sich die Anstiegsgeschwindigkeit ab ca. 5000 v. Chr. erheblich verlangsamte, kam es mehrmals zu Regressionen, Ruhephasen und erneuten Transgressionen des Meeres, wie es sich anhand der verschiedenen Torfschichten nachvollziehen lässt. Ab ca. 1500 v. Chr. stieg der Meeresspiegel noch mal schnell an und bildete eine Art „Kliff" (VÖLKSEN 1988:8), die heutige deutliche Trennlinie zwischen Marsch und Geest. Vor diesem Kliff lagerten sich Sedimente ab, sodass sich die Fläche immer mehr erhöhte und schließlich nicht mehr überspült wurde. Es kam zur Bildung der Marschflächen. Diese Flächen sind jedoch nur auf den ersten Blick eben, in Wirklichkeit fallen sie zum Geestrand hin ab. Die Ursache sind wieder die Gezeiten, denn am Rande der Marsch schwemmen sie Schlick und Sand auf, d.h. dass die meernahen Bereiche etwas höher sind. Sie werden auch als Hochland bezeichnet. Die niedrigste Stelle der Marsch ist direkt am Geestrand und heißt Sietland. Das Sietland ist einige Zentimeter bis mehrere Meter tiefer gelegen. Hier bilden sich häufig Marschrandmoore, denn das Wasser der Geest und der Marsch kann nicht ins Wattenmeer abfließen, sondern sammelt sich hier. Das heutige Wattenmeer ist ein recht junges Gebilde; es entstand vor allem durch zwei gestalterische Kräfte: die Gezeiten und die Sturmfluten. Auf Grunde der Gezeiten fallen weite Teile des Gebietes im Rhythmus von ungefähr 12 Stunden trocken und Sedimente lagern sich ab. Die großen Sturmfluten hingegen sind verantwortlich dafür, dass immer wieder Teile des Festlandes im Meer versanken und zu Watten wurden. Die Entstehung der Barriere-Inseln wird vor allem auf eine parallel zur Küste verlaufende Strömung, die Sand mit sich bringt, zurückgeführt. Der Sand wird in den Brandungszonen abgelagert – es kommt zur Entstehung von Sandplaten. Wenn diese nicht mehr regelmäßig überschwemmt werden, können sich hier speziell angepasste Pflanzen ansiedeln und es kann zur Bildung einer Insel kommen.

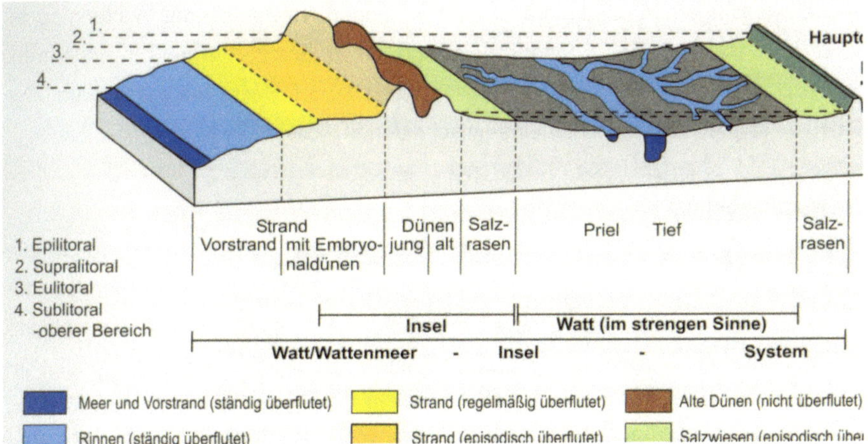

Abbildung 1 : Landschaftliche Gliederung der deutschen Nordseeküste.
Quelle: POTT (1995:27)

3. Das Klima:[1]

Die deutsche Nordseeküste liegt in den gemäßigten mittleren Breiten, die unter dem Einfluss der Westwindzone und der Zyklone stehen. An der Küste findet sich ein ausgeprägtes maritimes Klima, das von verschiedenen Faktoren beeinflusst wird:

Lufttemperatur:

Da das Wasser als natürlicher Wärmespeicher wirkt, ist die mittlere Jahrestemperatur direkt an der Küste (vgl. Abb. 2, Klimadiagramm von Bremerhaven) vergleichsweise höher als die des umgebenden Festlandes (siehe Abb.2, Klimadiagramm von Soltau). Sie liegt für den gesamten Bereich bei etwas über 9°C. Ein weiteres Merkmal für das Klima der Küste ist auch ein verzögerter Anstieg der Temperatur im Frühling und eine langsamere Abkühlung im Herbst. So ist es auf den Inseln (Abb. 2. Norderney) im März bis August durchschnittlich kälter als auf dem Festland, von September bis Februar aber wärmer. Insgesamt ist somit die mittlere Anzahl der Frost-, Eis- und Sommertage (Maximum > 25°C) geringer als auf dem Festland. Betrachtet man den Tagesgang der Temperatur, so steht das Wattenmeer, wie zu erwarten, zwischen der offenen See und dem Land. Auf offener See sind die Temperaturenunterschiede von Tag und Nacht nicht besonders groß, wohingegen die Schwankungen an Land beträchtlich sein können. Im Bereich des Wattenmeeres kann sich die Luft bei Sonnenschein und Niedrigwasser erheblich erwärmen, genauso aber auch bei niederem Wasserstand in der Nacht stark abkühlen. Die Gezeiten spielen also auch hier eine entscheidende Rolle.

Wassertemperatur:

Eine Beeinflussung des Klimas des Wattenmeeres findet außer durch die Lufttemperatur auch durch die Wassertemperatur statt, welche im Bereich der deutschen Bucht unter dem Einfluss des Golfstromes steht. Die Jahresamplitude beträgt zwischen 13 und ca. 15°C. Der Anstieg der Wassertemperatur erfolgt im Frühjahr in Küstennähe schneller als in tieferem Gewässer. Hingegen ist zwischen Oktober und Dezember das Wasser vor den Inseln wärmer als auf der landzugewandten Seite der Watten.

---

[1] Der Abschnitt „Klima" bezieht seine Angaben aus:
Umweltatlas Wattenmeer – Nordfriesisches und Dithmarschen Wattenmeer (Bd.1). S.70
Umweltatlas Wattenmeer – Wattenmeer zwischen Elb- und Emsmündung (Bd. 2). S. 20ff

Niederschläge:

Auch der Niederschlag wird von der Wassertemperatur beeinflusst: Da das offene Meer im Frühjahr/Sommer kälter ist als die Luft darüber, regnet es in dieser Zeit vor allem über dem Land. Im Herbst/Winter sind die Temperaturverhältnisse genau anders herum und der Niederschlag fällt vor allem in Meernähe oder über dem Meer. Anhand der Klimadiagramme von Norderney und Helgoland (Abbildung 2) ist deutlich zu erkennen, dass das Niederschlagsmaximum im Vergleich zu den anderen beiden Stationen zum Winter hin verschoben ist. Allgemein kann man aber sagen, dass im Herbst die meisten Niederschlage fallen (ca. 240-280mm an der Westküste Schleswig-Holsteins), im Frühjahr die wenigsten im gleichen Gebiet (120-180mm). Zu allen Jahreszeiten fällt auf, dass der Bereich der Halligen die geringsten Niederschläge aufweist und die Geestbereiche die höchsten. Die Erklärung hierfür ist die noch geringe Reibung bei den Halligen und besteht zudem darin, dass die Geest als orographisches Hindernis eine Hebung der Luftmassen erzwingt, infolge derer häufig Niederschläge fallen. Die mittleren Jahresniederschläge schwanken je nach Gebiet zwischen 500mm und 1000mm.

Windverhältnisse:

Die vorherrschende Windrichtung ist, wie allgemein in Mitteleuropa, Westen, was im Falle der Nordseeküste dem Klima einen stark maritimen Charakter verleiht. Im Winter herrschen meist Südwestwinde, im Sommerhalbjahr Nordwestwinde vor. Örtliche Anweichungen gibt es vor allem dort, wo der Wind durch Inseln oder sonstige Hindernisse im Relief abgelenkt wird. Für die Vorgänge im Wattenmeer sind vor allem die bodennahen Winde ausschlaggebend. Nicht nur die Richtung, sondern auch die Geschwindigkeit des Windes wird gemessen. Wie zu erwarten ist der Wind auf hoher See mit durchschnittlich 8,8m/s (53°48, 6°30) schneller als auf dem Land (Bremerhaven 5,2m/s). Im Verlauf des Jahres schwankt die mittlere Windgeschwindigkeit auf dem Meer stark. Im Herbst nimmt der Wind im Vergleich zum Sommer stark zu. Im Februar ist der Wind hingegen relativ schwach, was mit den häufigen Hochdrucklagen in diesem Monat zusammenhängt. Eine lokale Erscheinung an den Küsten ist die Land-Seewind Zirkulation; es handelt sich hierbei um auflandigen Wind am Tage und ablandigen Wind bei Nacht. Dieses Phänomen tritt aber nur bei ruhiger Hochdrucklage und Sonneneinstrahlung auf und ist somit an die warme Jahreszeit gebunden. Besonders häufig sind diese Winde zwischen

Mai und Juli. Bei Sonneneinstrahlung erwärmt sich die Luft über dem Land schneller als über dem Meer, d.h. die warme Luft steigt auf und erzeugt in der Höhe einen größeren Druck als auf gleicher Höhe über der See herrscht. In den unteren Luftschichten ist der Druck hingegen über dem Meer höher als über dem Land, wodurch die Luft als Seewind vom Meer zum Land strömt. Nach Sonnenuntergang kann sich dieser Vorgang umkehren und es kommt zum Landwind; dieser fällt für gewöhnlich jedoch weniger kräftig aus.

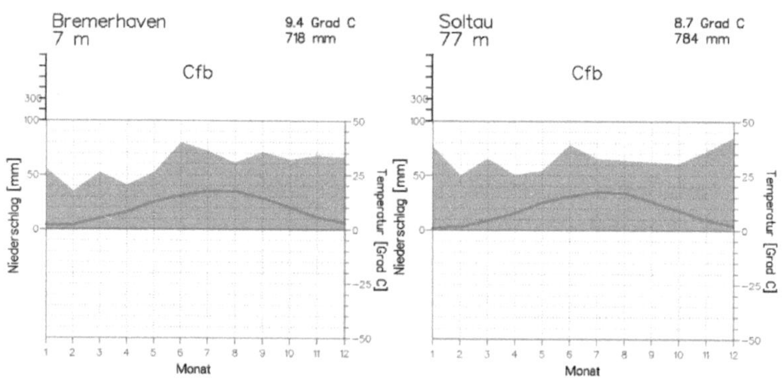

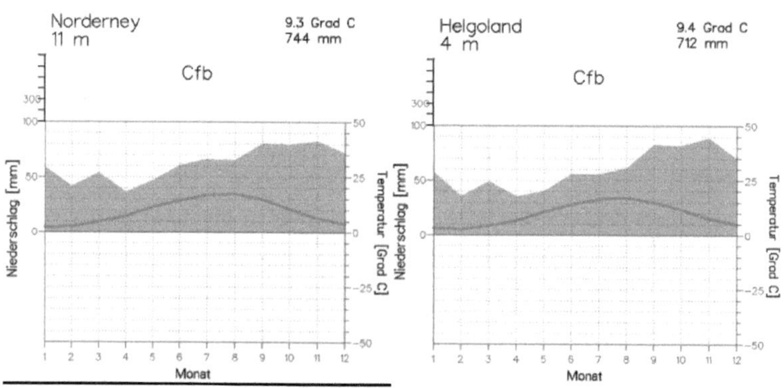

Abbildung 2: Klimadiagramme von Bremerhaven (Küste), Soltau (Hinterland), Norderney (vorgelagerte Insel) und Helgoland (Hochseeinsel).
Quelle: www.klimadiagramme.de

4. Die Tiden

In der Hydrographie der Wattenküste sind die Tiden das entscheidende Element, welches die meisten ablaufenden Prozesse bewirkt. Unter den Tiden versteht man die Gezeiten, den Wechsel zwischen Hoch- und Niedrigwasser, Ebbe und Flut. Eine Tide dauert im Mittel 12h und 24 min (REINECK 1994:51), das heißt sie verschiebt sich jeden Tag um 43 Minuten. Unter dem Tidenhub versteht man die Differenz zwischen dem Tidenhoch und Tidenniedrigwasser. An der ostfriesischen Küste beträgt dieser im Durchschnitt 3,75m (REINECK 1994:52). Bei der Springtide (in Norddeutschland drei Tage nach Voll- und Neumond) ist dieser Unterschied am größten, bei der Nipptide (drei Tage nach Halbmond) am kleinsten. Die jeweiligen Wasserstandshöhen werden unterschiedlich bezeichnet. Mit ihrer Hilfe wird versucht, Linien im Watt festzulegen:

Laut REINECK (1994:2) versteht man unter dem MSpThw das 5-10-jährige Mittel aus Springtidenhochwasser. Das MThw (Mittleres Tidehochwasser) wird auch als die Uferlinie bezeichnet. Über dieser Linie können Salzwiesen vorkommen. Das MSpTnw (Mittleres Springtidenniedrigwasser) wird auch Strand- oder Wattlinie genannt. Anhand dieser Linie wird Seekartennull errechnet. (Normal Null ist der mittlere Tidewasserstand am Amsterdamer Pegel).

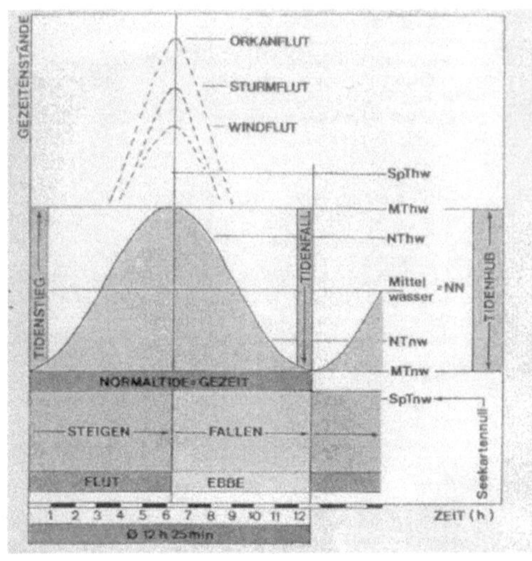

Abbildung 3: Zeitablauf einer Tide
Quelle: JANKE & KREMER (1990:19)

Die Entstehung der Tiden kommt in erster Linie durch die Gravitationskraft der Sonne und des Mondes und durch die Fliehkraft der Erde zustande. Die Springflut entsteht, wenn die Sonne, der Monde und die Erde auf einer Linie liegen. Steht der Mond im rechten Winkel zu Sonne, so wirken die Anziehungskräfte der beiden Himmelskörper in verschiedene Richtungen und schwächen sich dadurch ab: es kommt zur Nippflut (vgl. Abb. 4). Auch meteorologische Einflüsse wirken auf die Tide. Solche wären die Windstärke und -richtung oder der Luftdruck. Bei entsprechenden Bedingungen kommt es an der Nordsee immer wieder zu Sturmfluten, welche die normale Springflut noch um einiges übersteigen. Die Tidewelle kommt aus westlicher Richtung an die deutsche Nordseeküste: wenn zum Beispiel in Borkum der höchste Wasserstand um 12 Uhr gemessen wird, so wird dieser Stand im 130 km entfernten Wilhelmshaven erst 2 Stunden später erreicht (REINECK 1994:53).

Im Verlauf der Tide gibt es nicht nur vertikale Bewegungen, sondern auch horizontalen Strömungen: so findet man vor den Ostfriesischen Inseln bei aufziehender Flut eine ostwärts gerichtete Strömung und bei fallendem Wasser eine Strömung nach Westen.

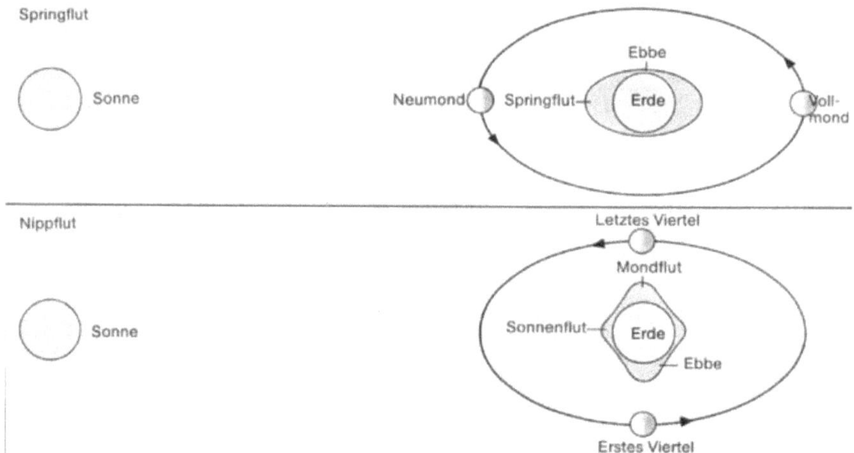

Abbildung 4: Entstehung der Tiden auf Grund der Gravitationskraft
Quelle: www.pignatelli.de

5. Salzgehalt des Wassers:

Im Wattenmeer ist der Salzgehalt des Wassers im Allgemeinen niedriger als in der Nordsee. Im Oktober, wenn die Flüsse am wenigsten Wasser führen, ist er am höchsten, im Frühjahr am niedrigsten. Außerdem ist er nicht einheitlich; im Bereich der Flussmündungen ist er geringer. Auch der Wattenboden ist bezüglich des Salzgehaltes verschieden: bei Ebbe kann er durch Niederschläge an der Oberfläche in gewissem Maße entsalzt werden (10‰), bei Trockenheit kann das Porenwasser im Sandwatt aber auch einen Wert von 40‰ erreichen (REINECK 1994: 85). Die mittlere Nordsee hat einen Salzgehalt von 35‰ (EHLERS 1994:10).

6. Sedimentation:

Geologische gesehen ist das Watt ein aktiver Sedimentationsraum, der sich in vier Ablagerungsräume unterteilen lässt. Man unterscheidet Sublitoral, Eulitoral, Supralitoral und die Dünenregion (STREIF 1990: 117).
Als **Sublitoral** wir der Bereich bezeichnet, der ständig von Salzwasser bedeckt ist. Im Wattenmeer sind dies der Vorstrand der Inseln (vgl. Abb.2) und die tiefen Gezeitenrinnen (STREIF 1990:117).
Das **Eulitoral** umfasst die regelmäßig von den Gezeiten überspülten und wieder freigelegten Flächen. Auf der meerzugewandten Seite der Inseln fällt darunter der Nasse Strand und wattseitig die ausgedehnten Auftauchzonen (STREIF 1990:117).
Mit **Supralitoral** bezeichnet REINECK (1994:49) die Fläche zwischen der mittleren Tidehochwasserlinie (MThw-Linie) und der mittleren Springtidehochwasser-Linie (MSpThw-Linie), einen Bereich, der nur gelegentlich vom Salzwasser überspült wird, also den Trockenen Strand auf der Seeseite der Inseln und die Salzwiesen auf der Festlandsseite (STREIF 1990:117)
Oberhalb des Supralitorals schließt sich die **Dünenregion**, die nicht unter dem Einfluss der Gezeiten liegt, an. Hier findet die Sedimentation „im Zusammenspiel von Wind und Vegetation statt" (STREIF 1990:117).

Bei den ablagerten Sedimenten handelt es sich vor allem um Sande und Schlick. Laut REINECK (1994:56) wird ein Gemisch aus hauptsächlich Schluff, Ton und etwas Sand als Schlick bezeichnet. Anhand der Korngröße, des Sortierungsgrades und des Mineralbestands werden die Sedimente genauer beschrieben. Eine Einteilung der Korngrößen zeigt Tabelle 2. Sand kommt in verschiedenen Korngrößen vor, wobei die verschiedenen Autoren die Grenzen unterschiedlich setzten. So bezeichnet REINECK (1994:55) nur Sedimente mit einer Korngröße zwischen 0,063 und 0,2mm als Sande, was in Tabelle 2 nach STREIF (1990:97) nur dem Fein- und Mittelsand entspricht, den Grobsand aber nicht mit berücksichtigt. Eine genaue Untersuchung und Einteilung der Wattesedimente nach Korngrößen und Zusammensetzung unternahm SINDOWSKI im Jahr 1973 anhand eines Dreiecksdiagramms (Abbildung 5).

Korngrößeneinteilung

Bezeichnung	Ø in mm
Kies	> 2,00
Grobsand	0,63 - 2,00
Mittelsand	0,20 - 0,63
Feinsand	0,063 - 0,20
Schluff	0,002 - 0,063

Tabelle 2: Korngrößen.
Quelle: STREIF (1990:97)

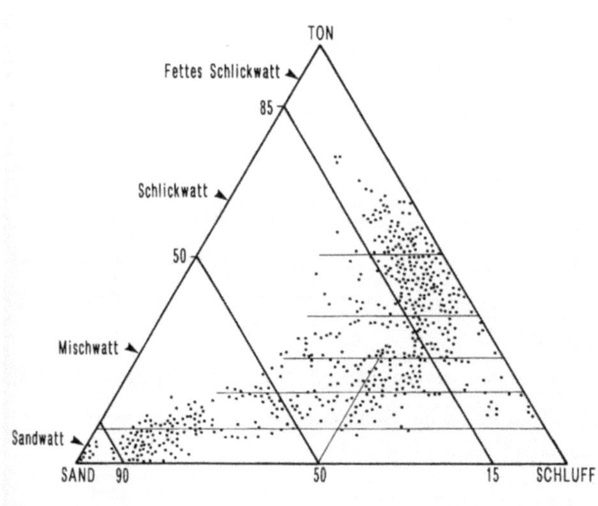

Abbildung 5: Einteilung der Watten nach Ton-, Schluff- und Sandanteilen
Quelle: REINECK (1994:55)

Die Grenzen wurden bei der Einteilung anhand bodenanzeigender Wattbewohner gezogen. Im Wesentlichen gibt es drei Bereiche: Das Sandwatt kann hell oder dunkel sein und wird, wenn es abgetrocknet ist, sehr fest, da das Wasser hier leicht versickern kann. Im Gegenteil hierzu ist das Schlickwatt mit seinen feinen Partikeln weicher. Bei Sturmfluten kann es geschehen, dass Sande ins Schlickwatt gebracht werden: so entsteht das ebenfalls sehr weiche Mischwatt (POTT 1995:37).

Tabelle 3 zeigt die Zusammensetzung der verschiedenen Watttypen an.

	Sandwatt	Mischwatt	Schlickwatt
Feinsand	40-100%	0-60%	0-40%
Schluff	0-50%	25-90%	15-90%
Schlick	0-10%	0-15%	10-100%
Kalkgehalt (%)	2,6	6,7	10,6
Organ. Substanz (%)	1,6	4,3	12,6
Tiefe der Oxidationsschicht (m)	6,0	1,5	0,1

Tabelle 3: Zusammensetzung der verschiedenen Watttypen.
Quelle: POTT (1995:37), verändert.

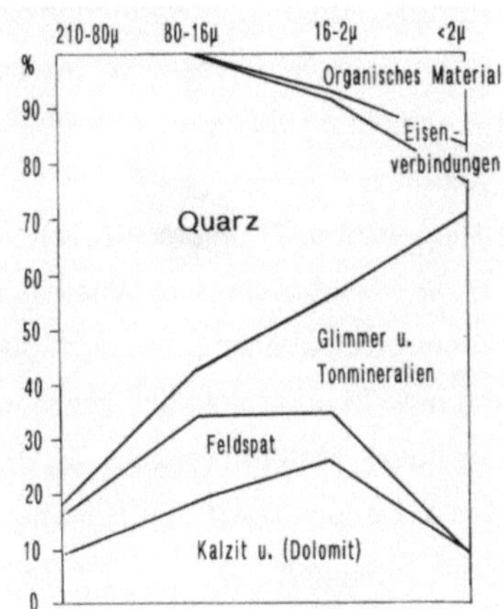

Abbildung 6: Mineralogische Bestandteile der Wattsedimente nach STRAATEN (1955)
Quelle: REINECK (1994: 58)

Abbildung 6 zeigt die Bestandteile der Wattsedimente an, wobei der Quarzanteil bei den feineren Sedimenten geringer wird und der Tonanteil zunimmt. Laut REINECK

(1990:56) handelt es sich vereinfacht ausgedrückt um Quarzsande. 0,2-3,5% beträgt der Anteil an Schwermineralien; als Tonmineralien finden sich Smectit, Illit, Kaolinit und Chlorit mit einem untergeordneten Vorkommen von Quarz, Calcit und Feldspäte (REINECK 1994:56). Ein weiterer Bestandteil sind organische Materialien.

Die Verteilung der Sedimente erfolgt seegangs- und strömungsabhängig. An geschützten Stellen, meist in Landnähe, lagert sich Schlick ab. Zum Sublitoral hin, wo der Seegang und die Strömungen stärker sind, lagert sich der Sand ab. In den Rinnen herrscht oft eine stärke Strömung, weswegen sich hier vor allem gröbere Sande oder Feinkies finden (REINECK 1994:57). Zuweilen finden sich hier auch Schlickgeröll oder Muschelklappen. Die Sedimente stammen hauptsächlich aus der Nordsee und aus dem Zerfall. Die großen Flüsse tragen kaum zu den Wattesedimenten bei, im Gegenteil, in ihren Mündungen entstehen häufig „Schlickpfropfen" (REINECK 1994:71) aus dem von der See angespülten Material. Die Sedimentationflächen des Wattenmeeres sind nicht gefestigt, das heißt sie unterliegen ständigen Veränderungen, wodurch verschiedene Formen im Sediment gefunden werden können. Die stark verzweigten, entwässernden Priele mäandrieren und zeichnen sich häufig durch ausgeprägte Prall- und Gleithänge aus. Durch ihr mäandrieren pflügen sie die Watten regelrecht um (REINECK 1994:67). Größere Priele werden Baljen genannt (JANKE & KREMER 1990:10), wannenartige Vertiefungen Legden. Zwischen den Prielen und Baljen entstehen Wasserscheiden, die gerne dazu benutzt werden, auf die vorgelagerten Inseln zu gelangen. Die Inseln sind voneinander durch tiefe Rinnen, die Seegats, getrennt.
Des Weiteren findet man ganz verschieden große Rippel (Abb. 7) unterschiedlichen Ursprungs vor. Windrippel kommen im trockenen Sand vor. Sie sind asymmetrisch und auf der windabgewandten Seite steiler. Die Strömungsrippel entstehen durch die Strömung und sind ebenfalls asymmetrisch. Sie kommen in ganz unterschiedlichen Größen vor. Charakteristisch ist, dass hier das gröbere Material in den Tälern zwischen den Rippeln verbleibt, während es bei den Windrippeln auf den Kämmen liegt (REINECK 1994:72). Eine dritte Form sind die Seegangsrippel – von den Wellen geformt und meist symmetrisch.

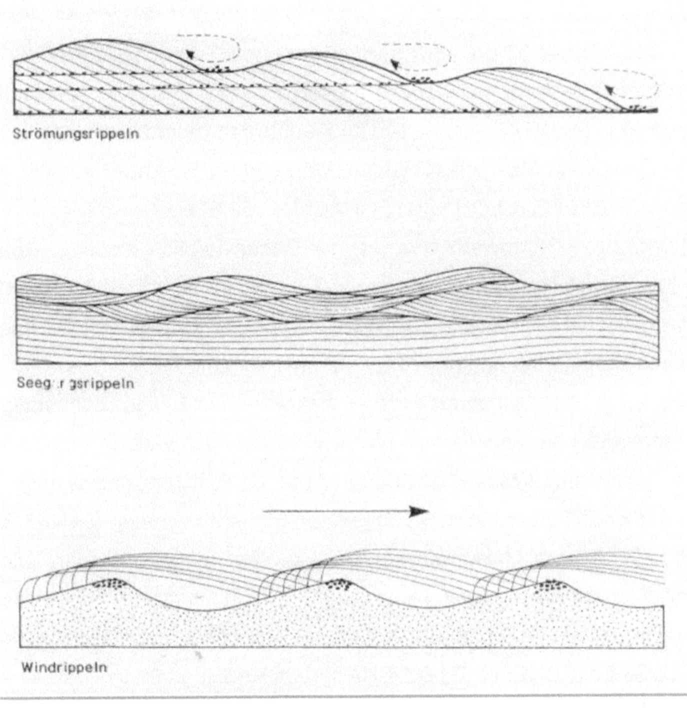

Abbildung 7: Strömungs-, Seegangs- und Windrippel
Quelle: REINECK (1994:73)

7. Watt- und Marschböden:

7.1 Wattböden:

Die Wattböden gehören zu den semisubhydrischen Böden SCHEFFER&SCHACHTSCHABEL (2002:510). Sie entstehen unter dem Einfluss der Gezeiten und sind täglich mehrere Stunden unter Wasser. Nach der Sedimentation finden aber auch hier pedogenetische Prozesse statt, weswegen sie zu den Böden und nicht zu den Sedimenten gezählt werden. Die Wattböden bilden sich landeinwärts des MtTnw und werden vom MThw überflutet.

Im Bereich der Niedersächsischen Wattenküste findet man den Marinen Wattboden mit einem AizFo/zFr-Profil (KUNTZE 1994:287). Von diesem Typ gibt es verschiedene Subtypen, die sich aufgrund der mineralischen und organischen Zusammensetzung des Sediments, auf dem sie entstehen, anders entwickeln. Am Unterlauf der Flüsse finden sich Brackwattböden mit einer Ai(z)Fo/(z)Fr-Horizontfolge. Im Gezeitenrückstaubereich der großen Flüsse stößt man auch auf Flusswattböden (Ai/Fo/Fr) (KUNTZE 1994:287). Im Meereswatt (oder Normwatt) und im Brackwatt finden sich viele Mg- und Na-Ionen, während im Flusswatt vor allem Ca-Ionen vorliegen (SCHEFFER & SCHACHTSCHABEL 2002:511).

Vor allem im Schlickwatt (= Normwatt) erkennt man schon farblich einen großen Unterschied zwischen den Horizonten. Die gelbliche Färbung an der Oberfläche wird durch Eisenhydroxid $Fe(OH)_3$ bewirkt (JANKE & KREMER 1990:20). Diese Eisenverbindung kann sich nur bei optimaler Sauerstoffversorgung bilden. Deswegen wird diese Schicht auch als Oxidationshorizont bezeichnet. Einige Zentimeter darunter beginnt der extrem sauerstoffarme oder sogar -freie, schwärzlich-bläuliche Reduktionshorizont. Nur wenig Wasser gelangt in diese Schicht und den wenigen Sauerstoff, den es mitbringt, verbrauchen Bakterien, um Stoffe abzubauen (JANKE & KREMER 1990:21). In diesem Milieu werden Fe^{3+}- zu Fe^{2+}-Ionen reduziert und verbinden sich mit Schwefelwasserstoff (Ausscheidung bestimmter Bakterien) zu Eisensulfid FeS (JANKE & KREMER 1990:21). Daneben entstehen auch Ammoniak, Methan, CO_2 und Lachgas (SCHEFFLER & SCHACHTSCHABEL 2002:511), welche zum Teil für einen fauligen Geruch verantwortlich sind.

7.1 Marschböden:

Das Werden der Marschen:
Die Bildung der Marschen begann vor ungefähr 7500 Jahren (KUNTZE 1994:283). Wenn die Wattsedimente schließlich aus den täglich überfluteten Bereichen herauswachsen, so kommt es zur Bildung eines Marschbodens. Zunächst entsteht die **Salz- oder Rohmarsch** (Abbildung 9). Nach der Entsalzung des Oberbodens durch den Niederschlag geht diese für gewöhnlich in die **Kalkmarsch** über. Eine weitere Entwicklung besteht in der Entkalkung des Oberbodens, wodurch aus der Kalkmarsch eine **Kleimarsch** entsteht. In manchen Fällen kommt es zu einer Tonverlagerung im Unterboden, welche zur Bildung eines tonreichen, sehr dichten

Horizonts (Knick) führt. Die so entstandene Marsch wird **Knickmarsch** genannt (SCHEFFER & SCHACHTSCHABEL 2002:512).

<u>Allgemeine Horizontierung</u>

Die Böden haben im Allgemeinen, ähnlich den Gleyen, eine Ah/Go/Gr-Horizontierung (Rohmarsch), wobei das gesamte Marschprofil bis zu 20 m mächtig sein kann (SCHEFFER & SCHACHTSCHABEL 1998:440). Der Go-Horizont liegt im Grundwasserschwankungsbereich und ist häufig „rostfleckig" (SCHEFFER & SCHACHTSCHABEL 1998:440). Der Gr-Horizont ist ein nasser Reduktionshorizont, der oft durch Eisensulfide eine schwarze bis graublaue Farbe aufweist. In manchen Marschen finden sich auch feine Sandschichten, die von Sturmfluten herrühren, oder durch die Schwankungen der Meeresspiegel bedingte fossile A-Horizonte (Humusdwog), Go- Horizonte oder Torfschichten.

<u>Verschiedene Typen:</u>

Dort wo keine Mischung des Salz- und Süßwasser erfolgt, können sich an der Küste die **Seemarschen** (zu denen Roh-, Kalk-, Klei- und Knickmarsch gehören) großflächig bilden. Häufig ist vor allem die kalkreiche Seemarsch mit einem Ah/eGo/ezGr-Profil (KUNTZE 1994:284), die nach der Entsalzung des Oberbodens entsteht. Ist der Salzgehalt durch Auswaschung in den Untergrund von ca. 20‰ (frischer Seeschlick) auf 9‰ gesunken, so können auf diesem Boden salztolerante Kulturen wie Sommergerste angebaut werden (KUNTZE 1994:284), der Boden ist also fruchtbar. Die Klei- und Knickmarschen, die nach der Entkalkung des Oberbodens entstehen, sind für den Ackerbau wenig geeignet.

Im Bereich der Süß- und Salzwasserdurchmischung entsteht die **Brackmarsch** (SwAh/Sw/GoSq/Gr). Ihr Profil weist darauf hin, dass der Unterboden nur wenig Wasser durchlässt. Folglich sind diese Böden staunass und werden fast nur als Grünland genutzt (KUNTZE 1994:286).

Das typische Profil der **Flussmarschen** ist Ah/Go/Gr, der Stauwassereinfluss ist zumeist nicht gravierend. Manche Flussmarschen sind kalk- und nährstoffreich und hochwertige Ackerböden. Andere bedürfen zum Teil noch der Oberflächenentwässerung und regelmäßiger Kalkungen, um ertragreich zu sein.

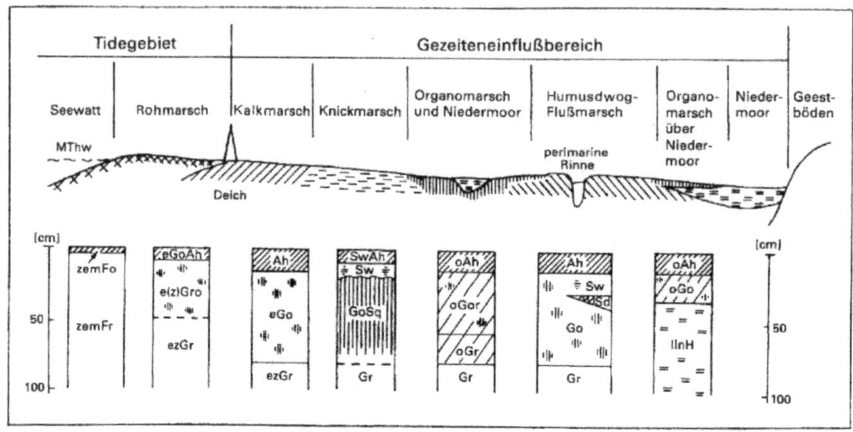

Abbildung 8: Typische Abfolge der Böden
Quelle: HENDL (1997: 289)

Abbildung 9: Rohmarsch
Quelle: www.uni-oldenburg.de

8. Flora und Fauna:

Auf den ersten Blick wirken die Wattflächen leer und unwirtlich, bei genauerer Betrachtung lässt sich jedoch feststellen, dass es von vielen verschiedenen Tier- und Pflanzenarten bewohnt wird. Der irreführende erste Eindruck entsteht dadurch, dass die meisten Tiere bei Ebbe unter der Oberfläche leben, um sich so vor Austrocknung zu schützen (JANKE & KREMER 1990:40). Da der Sauerstoffgehalt vor allem im

20

Misch- und Schlickwatt jedoch sehr schnell abnimmt, mussten die Tiere spezielle Anpassungsstrategien entwickeln. Um das Wasser an der Oberfläche zu erreichen, bauen sich viele Tiere ein Wohngangsystem. Bei manchen Würmern ist dieses u-förmig, wodurch ständig ein Frischwasserstrom herrscht (JANKE & KREMER 1990:42). Bei Wattmuscheln findet man häufig zwei Atemschläuche, wobei durch den einen Frischwasser angestrudelt wird und durch den anderen das Atemwasser wieder abgegeben wird. Da es Mühe machen würde, sich immer wieder einzugraben, bleiben viele nichträuberische Tiere immer im Boden. Ihre Lebensweise wird als „standorttreu" bezeichnet (JANKE & KREMER 1990:42). Beutegreifer wie Krabben, Vögel, Robben und manche Würmer hingegen sind wandernde Watttiere.

Für die Tierwelt ist das Watt von ganz besonderer Bedeutung. So bildet es auf Grund seines großen Nahrungsangebots und wegen seiner vor räuberischen Meerestieren Schutz bietenden Lage die Kinderstube für viele Fischarten des offenen Meeres. Auch für die Vogelwelt ist es als Überwinterungsquartier oder als Durchreisestation von großer Bedeutung. Eine weitere Besonderheit ist, dass viele Vögelarten hier zur Mauser herkommen. In der Mauser sind sie in ihrem Flugvermögen oft eingeschränkt und suchen geschützte Gebiete mit gutem Nahrungsangebot wie das Watt auf (JANKE & KREMER 1990:86).

In der Pflanzenwelt stellt das Watt einen Lebensraum für besonders angepasste Spezialisten dar. Wasserpflanzen können sich schlecht im Watt festsetzen, da ihre Wurzeln ihnen nicht genug Halt im Sediment bieten können und viele Landpflanzen kommen mit dem hohen Salzgehalt des Wassers und des Bodens nicht zurecht. Nur wenige Pflanzen, unter ihnen vor allem Algen und Halophyten (salzliebende Landpflanzen), können hier überleben. Besonders die Kieselalge fällt ins Auge. Sie ist als gelblichbrauner Überzug auf den Sandflächen zu sehen und dient vielen Wattbewohnern als Nahrungsgrundlage (JANKE & KREMER 1990:40). Die Halopyhten haben verschiedene Strategien entwickelt, mit dem Salz klarzukommen. Sie müssen viel Salz aufnehmen können, damit ihre Zellen einen höheren Salzgehalt haben als die Umgebung, da Wasser nur in die Richtung der höheren Salzkonzentration strömt (JANKE & KREMER 1990:26). Eine Methode der Pflanzen besteht darin, ihren Wasserverbrauch möglichst einzuschränken, um nicht zuviel Salz aufnehmen zu müssen. Sie haben dazu ähnliche Anpassungen wie die Pflanzen der Trockengebiete entwickelt. Diese wären kleine, dicke Blätter und dicke Stängel, um die Oberfläche zu verkleinern. Andere Pflanzen versuchen das Salz wieder auszuscheiden. Sie werfen dazu Salz speichernde Blätter einfach ab, sind einjährig (z.B. Queller, Abbildung 10) oder scheiden das Salz wieder durch Blattdrüsen aus (Halligflieder) (JANKE & KREMER 1990:27).

Je nach Salzgehalt bilden sich verschiedene Pflanzengesellschaften aus, wobei als Regel gilt, dass die Vegetation seewärts immer spärlicher wird (JANKE & BREMER 1990:28). In Abbildung 11 sind die verschiedenen Zonen zu sehen. Die erste von höheren Pflanzen bewachsene Zone ist die Seegraswiese, die regelmäßig von den Gezeiten überflutet wird. Landwärts schließt sich das Quellerwatt an. Wie der Name schon sagt, wird es vor allem vom Queller (Abb. 10), aber auch von Schlickgras bewachsen. Im Bereich der MThw-Linie findet sich der Andelrasen, der auch als „untere Salzwiese" bezeichnet und beweidet wird. Im Jahr wird diese Zone etwa 150-250 mal überflutet. Etwas über der MThw-Linie schließt sich die „Obere Salzwiese" an. Sie wird nur noch von Springtiden überflutet, oft stark beweidet und geht langsam ins Wirtschaftgrünland über. [2]

Abbildung 10: Queller
Quelle: www.boelling.de

---

[2] Einteilung nach JANKE & KREMER (1990:28-29)

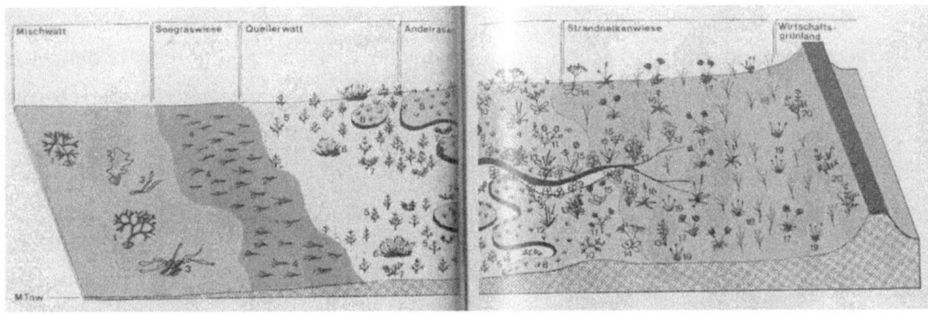

Abbildung 11: Pflanzengesellschaften am Übergang des Watts zum Land
Quelle: JANKE & KREMER (1990: 28-29)

9. Der Einfluss des Menschen:

9.1 Eindeichung und Landgewinnung:

Der Einfluss des Menschen auf das Wattenmeer ist groß und geschieht auf vielfältige Art und Weise. Ein wesentlicher Punkt ist die Veränderung der Küstenlinie durch den Menschen. Da das Wattenmeer für den Menschen schon immer recht leicht zu erreichen war, bauten vor ungefähr 1000 Jahren die Friesen die ersten Deiche an der Küste und griffen somit in den ständigen Wandel der Küstenlinie ein. Ihr Ziel bestand darin, die ertragreichen Marschböden nutzbar zu machen. Im Mittelalter holte sich das Meer große Landflächen in schweren Sturmfluten zurück. Eine der bekanntesten ist „De Grote Manndränke" im Jahre 1362 (REISE 1996:443). Im Laufe des Mittelalters kam es zu mehreren großen Meereseinbrüchen, wie beispielsweise Leybucht, Jadebusen oder Dollart. Gründe für die großen Verluste waren zum einen schlechte Deiche und zum anderen, dass das Wasser von der Geest bei Regen nicht durch Deichöffnungen ins Meer gelangen könnte. Laut REISE (1996:443) hieß es damals: „Ersaufen wir nicht im Salzwasser, ersaufen wir im Süßwasser." Um Süßwasseransammlungen hinter den Deichen zu vermeiden, wurde das Land durch Gräben, Siele und Schöpfwerke entwässert. Durch diese Entwässerung und ein gleichzeitiges Ansteigen des Meeresniveaus kam es aber zu einem Absinken des Landes, was dazu führte, dass die alten Marschen zum Teil unter dem Meeresspiegel liegen und niederer sind als die jungen Marschen.

Ab dem 16. Jh. verbesserte sich der Deichbau zusehends (REISE 1996:444) und auch vor den Deichen wurde versucht, neues Land zu gewinnen. Ab den 30er Jahren des letzten Jahrhunderts wurden Buschlahnungen angelegt; sie bremsen die Strömungen, sodass sich Schlick anlagern kann. In Abbildung 12 ist eine schon ältere Lahnung zu sehen.

Abbildung 12: Lahnung
Quelle: www.wattenmeer-nationalpark.de

Durch moderne Küstenplanung sind heute nur noch wenige Buchten übrig. Seit 1962 würde die Deichlinie von 1200km auf 700km verkürzt und 42806 ha wurden neu eingedeicht (REISE 1996:445). Auch Wattboden wurde eingedeicht, mit dem Ziel, Speicherbecken für das Wasser aus den Marschen zu gewinnen. Dieses Wasser wird unter Energieaufwand aus der Marsch hochgepumpt. Falls der Wind aber die Nordsee gegen die Küste drückt, kann dieses Wasser nicht durch die Deichöffnungen abgeführt werden, sondern wird in den eingedeichten Wattflächen gespeichert.

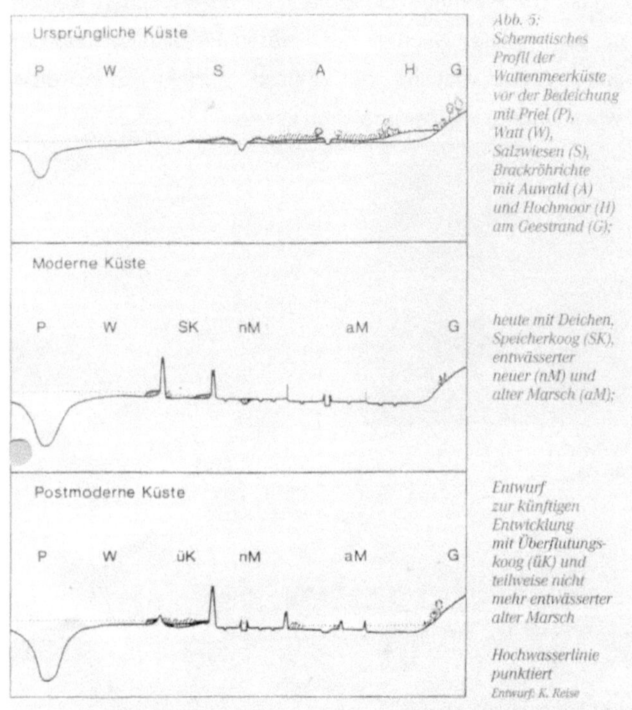

Abbildung 13: Entwicklung der Küste unter dem Einfluss des Menschen, mit dem Vorschlag REISES für eine postmoderne Küste
Quelle: REISE (1996:448)

Da der Wasserspiegel der Nordsee immer noch ansteigt, hätte das Meer sich natürlicherweise weiter ins Landesinnere ausgedehnt. Durch den Deichbau (Abbildung 14) war dies aber nicht mehr möglich und so kommt es zu einem noch ausgeprägteren Meeresspiegelanstieg. Dadurch verstärkt sich auch der Tidenhub. Des Weiteren hat das Fehlen der natürlichen flachen Buchten zur Folge, dass die Wellen nicht unter allmählicher Energieabgabe auslaufen können (REISE 1996:445). Dies sind zwei Gründe für die erhöhte Wasserbewegung vor den Deichen, infolge derer sich leichte Feinmaterialien nicht absetzten können. Über die Jahre hinweg führt dies zu einem „Schlickdefizit" (REISE 1996:445) im Wattenmeer.

Auch in den Flussmündungen macht sich der Einfluss des Menschen bemerkbar. Fahrrinnen für die Schifffahrt werden immer tiefer ausgehoben. Dadurch verstärkt sich der Tidenhub: in Bremen wuchs er innerhalb eines Jahrhunderts von 20cm auf 4,1m an (LOZAN 1994:334). Eine stärkere Flut bringt aber auch mehr Sedimente mit sich. Die Folge ist also, dass die Fahrrinne umso häufiger ausgebaggert werden muss, desto tiefer sie ist. Ein weiterer Nachteil der tieferen Flussrinnen und der fehlenden Überschwemmugsflächen entlang der Flüsse besteht darin, dass Sturmfluten Hafenstädte wie Hamburg leichter erreichen können.

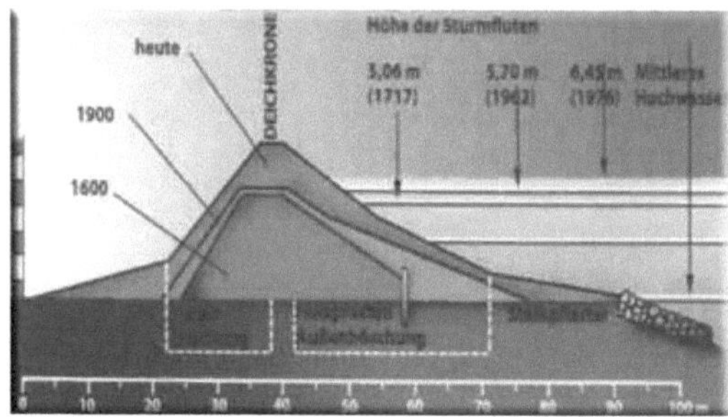

Abbildung 14: Deichbau (17.Jh.-heute)
Quelle: www.nordfrieslandferien.de

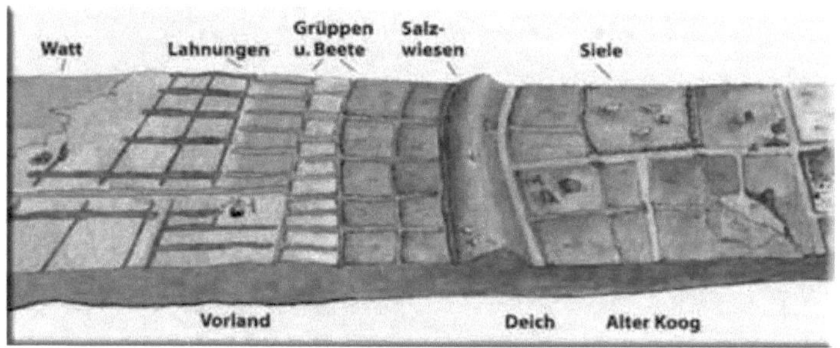

Abbildung 15: Typische, vom Menschen veränderte Küste
Quelle: www.nordfrieslandferien.de/html.de

9.2 Auswirkungen der Küstenumgestaltung auf das Ökosystem:

Die Landgewinnungsmaßnahmen und Eindeichungen führten zu einer völligen Umgestaltung der Küste, was nicht ohne Folgen für das Ökosystem bleiben kann. Durch eine „aufgezwungene Unbeweglichkeit" (LOZAN 1994:334) ging die Dynamik in der Geomorphologie dieses Gebietes weitgehend verloren.
Ein großes Problem ist das der Veränderung der Übergangszonen. Überschwemmungsgebiete, Röhrichte, Niedermoore und Auwälder fehlen auf weiten Gebieten. Laut REISE (1996:446) ist heute auch der Übergangsbereich vom Schlickwatt zu den Salzwiesen oft hinter den Deichen zu finden. Außerhalb ist meist

nur ein schmaler, auf der Seeseite durch Erosion gefährdeter Streifen Salzwiese übrig[3]. Dieser wird durch Lahnungen und Steine vor weiterem Abbruch geschützt, mit dem Ziel, den Deichfuß zu sichern. Da das Wasser vor den Deichen – wie schon erwähnt – unruhiger ist, bleibt der Schlick nicht mehr dauerhaft liegen und die Samen des Quellers werden zu großen Teilen weggespült. Daraus resultiert, dass die Salzwiesen oft nicht sehr breit sind und der Übergang zum Schlickwatt abrupt stattfindet. Die vorhandenen Salzwiesen werden zudem häufig als Weideland genutzt, wodurch sie relativ artenarm sind.

Durch das Fehlen der Röhrichtflächen bedingt, erfolgt die Versorgung mit organischen Stoffen vorwiegend aus der Nordsee. Da das Watt aber vielen Meerestieren als Kinderstube dient, ist diese Abnahme des Nahrungsangebotes bedenklich. War das Wattenmeer in seine natürlichen Funktion früher Ablagerungsstätte des Meeres für organische als auch anorganische Materialien, so kann heute hier wegen des turbulenteren Wassers vieles nicht mehr abgelagert werden und das Wattenmeer wirkt nicht mehr in dem Maße klärend auf das Nordseewasser wie einst.

Die im Wasser vorhandenen, nicht ablagerbaren Schlickpartikel haben zusätzlich noch die Wirkung, dass der Lichteintrag im Watt gesenkt wird. In tieferen Bereichen führt dies dazu, dass Photosynthese nicht mehr möglich ist. Viele Pflanzenarten sind daher heute auf die Flachwasserzonen begrenzt.

9.3 Nährstoffeintrag:

Die oben genannten Symptome des Rückgangs des Nährstoffangebots werden zum Teil durch den Nährstoffeintrag aus der Landwirtschaft überlagert, so dass sie zunächst wenig auffallen. Nach REISE (1996:447) ist auf Grund der Nährstoffe aus der Landwirtschaft die Bodenfauna zahlreicher geworden und auch Miesmuschelbänke, um nur ein Beispiel zu nennen, sind gewachsen. Dies darf aber nicht darüber hinwegtäuschen, dass vor allem bestimmte Pflanzen oder Tiere hiervon profitieren, während andere verdrängt werden. So tritt seit den 80er Jahren beispielsweise die Grünalge vermehrt auf (REISE 1997:447). Die Algen führen aber auch zum Rückgang der Seegraswiesen, einem wichtigen Lebensraum für viele Vögel. Entweder überwuchern sie diese oder setzten sich auf den Blättern der

---

[3] die außendeichsgelegenen Salzwiesen gingen von 15% auf 3% zurück (LOZAN 1994: 334)

Gräser ab und rauben ihnen so das Licht zur Photosynthese. Normalerweise werden diese Algen von Schnecken und anderen Lebewesen abgefressen. Dass die Schnecken in diesem Fall aber das Wuchern der Algen nicht im Zaum halten können, spricht für ein gestörtes Gleichgewicht im Ökosystem.

9.4 Exoten im Wattenmeer:

Durch die Schifffahrt, aber auch durch bewusstes Importieren werden immer wieder Tier- und Pflanzenarten aus anderen Erdteilen ins Wattenmeer eingeschleppt. Dies können Muscheln sein, die sich am Rumpf eins Schiffes festsetzen und so als blinde Passagiere mitgebracht werden, oder Pflanzen und Tiere die wirtschaftlich interessant sind. Ein Beispiel für eine eingeschleppte Pflanze ist das Schlickgras (Abb. 16). Laut REISE (1996:447) wurde ein von der afrikanischen Küste stammendes Gras eingeschleppt und kreuzte sich mit einer einheimischen Art. So entstand die Hybridform des Schlickgrases. Durch besondere Eigenschaften fördert es die Verlandung und wurde daher auch vom Menschen angepflanzt. Der Nachteil ist, dass es natürliche vorkommender Pflanzenarten wie den Queller verdrängt. Die Sandklaffmuschel (Abb.16) ist ein weiterer Exot, der eingeschleppt wurde. Sie entwickelte sich zwar zur dominierenden Muschelart, verdrängt einheimische Muscheln aber nicht (REISE 1996:447).

Der Grund weswegen sich diese fremden Arten oft schnell ausbreiten ist meist darin zu sehen, dass diese schneller wachsen, mehr Nachkommen produzieren oder, im besten Fall, eine ökologische Nische besetzen. Die Tatsache, dass die Sandklaffmuschel andere Muscheln nicht verdrängte, lässt REISE (1996:447) darauf schließen, dass die Wattenbodenfauna keine fest gefügte, gesättigte Lebensgemeinschaft ist. Eine besondere Gefahr stellen nach LOZAN (1994:336) aber eingeschleppte toxische Algenarten dar, da diese sich bei erhöhtem Nährstoffeintrag sehr schnell ausbreiten können und ein Fischsterben hervorrufen können.

Abbildung 16: Schlickgras. Quelle: www.uni-kiel.de
Sandklaffmuschel. Quelle: www.schutzstation-wattenmeer.de

9.5 Verschmutzungen durch Schadstoffe:

Neben Nährstoffen (vgl. Kapitel 9.3) gelangen auch viele Schadstoffe über die Flüsse und die Atmosphäre[4] ins Wattenmeer. Sie sind entweder an Partikel gebunden oder liegen gelöst vor. Im Wattenmeer, als Übergangszone zwischen Land und Meer, ist ihre Konzentration besonders hoch. Da aber pro Tide 60% des Wassers des Wattenmeers mit dem vorgelagerten Küstenwasser ausgetauscht wird, gelangen diese Schadstoffe auch recht schnell ins offene Meer (LOZAN 1994:335). Die partikelgebundenen Schadstoffe und die an Schwebstoffe gebundene Schwermetalle wie Blei, Quecksilber, Cadmium oder Zink kommen im schwebstoffreichen Wattenmeer in erhöhter Konzentration vor. Bei schwachem Seegang sinken sie zu Boden und lagern sich im Sediment ab. Sie können zwar auch wieder aufgewirbelt werden, gelangen aber häufig auch in die Sedimente der Salzwiesen. Laut LOZAN (1994:335) überschreiten einige Salzwiesen sogar die deutschen Grenzwerte für Schwermetalle in Klärschlamm. Organische Zinnverbindungen, welche als Anstriche in der Schifffahrt verwendet, verhindern durch eine langsame Abgabe des hochtoxischen Tributylzinns (TBT), dass sich Pflanzen am Schiffsrumpf festsetzen. So gelangt der unbestimmt giftige Stoff ins Meer und schädigt die Organismen. So gingen beispielsweise die Wellhornschnecke und die Strandschnecke durch TBT stark zurück (LOZAN 1994:338).

---

[4] etwa 10% der Schadstoffe erreicht das Wattenmeer über die Atmosphäre, beim Stickstoff sind es sogar 70%. (LOZAN 1994:336)

Eine weitere sehr problematische Schadstoffgruppe sind die Biozide und Weichmacher: sie werden durch ihre speziellen Eigenschaften millionenfach aus dem Wasser im Fettgewebe der Meerestiere angereichert und nur langsam wieder abgebaut (LOZAN 1994:335). Auch Insektizide und Herbizide sind im Wattenmeer zu finden. Sie werden vom Niederschlag aus ihren Einzugsgebieten ausgewaschen und gelangen so ins Meer, wo sie ihre Wirkung aber nicht verlieren.

Eine weitere Verschmutzungsquelle sind die etwa 1000 Wracks im Wattenmeer und die nach dem zweiten Weltkrieg im Meer versenkte Munition. Außerdem belasten illegale Öleinleitungen und Müllentsorgung ins Meer (v.a. durch Schiffe) das Ökosystem nicht unerheblich.

9.6 Weitere Einflussfaktoren:

Neben den bereits erwähnten Aspekten findet der Einfluss des Menschen auf den Lebensraum Wattenmeer noch in vielen anderen Bereichen statt. Im Rahmen dieser Arbeit noch zu erwähnen sind der Tourismus und die Überfischung und der damit verbundene Rückgang vieler Fischarten. Häufig werden von Touristen dieselben Flächen genutzt, die für die Tiere besonders wichtig sind. Ein Beispiel hierfür wären die Ruhebereiche der Robben, die meist in Strandnähe liegen. Ein weiteres vom Tourismus ausgelöstes Problem ist die Bodenversiegelung durch Zufahrtsstraßen und Parkplätze am Meer oder der Rückgang der Strand- und Dünenvegetation.

III. Fazit:

Durch ausführliche Betrachtung der im Watt wirksamen Geofaktoren kommt deutlich zum Ausdruck, dass es sich beim Watt um einen ebenso komplexen wie einzigartigen Lebensraum handelt. Direkt damit in Verbindung steht die Gefahr durch ein zu starkes Eingreifen des Menschen in dieses empfindliche Ökosystem. Die Frage, ob das Watt als eine der letzten Urlandschaften Europas gelten kann, lässt sich anhand der zahlreichen Eingriffe des Menschen, die zum Teil beträchtliche Veränderungen im Wattenmeer hervorrufen, zunächst einmal nur verneinen. Sie findet jedoch ihre Berechtigung darin, dass das Watt in erster Linie immer noch den gestalterischen Kräften des Meeres unterliegt.

Literaturverzeichnis:

EHLERS, J. (1990): Sedimentbewegung und Küstenveränderung im Wattenmeer der
Nordsee. In: Geographische Rundschau, **42**, 12: 640-646.

FIEDLER, W. (1992): Nationalpark Schleswig-Holsteinisches Wattenmeer. -208 S.,
Heide (Westholsteinische Verlagsanstalt Boyens&Co.).

HENDL, M.& LIEDTKE, H. (Hrsg.) (1997): Lehrbuch der allgemeinen Physischen
Geographie. -866 S., Gotha (Justus Perthes Verlag).

JANKE, K. & KREMER, B. P. (1990): Das Watt- Lebensraum für Pflanzen und Tiere.
Stuttgart (Franck).

KUBIËNA, W. L. (1953): Bestimmungsbuch und Systematik der Böden Europas.
-392 S., Stuttgart (Enke).

KUNTZE, H. & ROESCHMANN,G. & SCHWERDTFEGER,G. (1994): Bodenkunde- 5.,
neubearbeitete und erweiterte Auflage. -424 S., Stuttgart (Ulmer).

LESER, H. (Hrsg.) (1997): Diercke Wörterbuch Allgemeine Geographie. -1037 S.,
München.

LIDTKE, H. & MARCINEK, J. (Hrsg.) (1994): Physische Geographie Deutschlands.
-559 S., Gotha (Justus Perthes Verlag).

LOZAN, J. L. & RACHOR, E. & REISE, K. & v. WESTERNHAGEN, H. & LENZ, W. (Hrsg.)
(1994): Warnsignale aus dem Wattenmeer: wissenschaftliche Fakten. -387 S.,
Berlin (Blackwell Wissenschafts-Verlag).

POTT, R. (1995): Farbatlas Nordseeküste und Nordseeinseln – Ausgewählte Beispiele
aus der südlichen Nordsee in geobotanischer Sicht.-288 S., Stuttgart (Ulmer).

REINECK, H.-E. (1994): Landschaftsgeschichte und Geologie Ostfrieslands: ein
Wanderführer für Geowissenschaftler und Naturfreunde durch Ostfriesland und
das Wattenmeer. (Geologische Exkursionen Bd.1), Köln (Loga).

REISE, K. (1996): Das Ökosystem Wattenmeer im Wandel. In: Geographische
Rundschau, **48**,7-8: 442-449.

SCHEFFER, F. & SCHACHTSCHABEL, P. (2002): Lehrbuch der Bodenkunde. - 593 S.,
Heidelberg (Spektrum-Verlag).

STREIF, H.-J. (1990): Das ostfriesische Küstengebiet- Nordsee, Inseln, Watten und
Marschen.-376 S., Berlin/Stuttgart (Gebrüder Borntraeger).

VÖLKSEN, G. (1988): Die Marschen an der Unterelbe- Landschaftsveränderung im
Land Hadeln und Kehdingen. -45 S., Hannover.

Weitere Quellen:

LANDESAMT FÜR DEN NATIONALPARK SCHLESWIG-HOLSTEINISCHES WATTENMEER,
UMWELTBUNDESAMT (Hrsg.) (1998): Umweltatlas Wattenmeer – Nordfriesisches und
Dithmarschen Wattenmeer (Bd.1).-270 S. Stuttgart (Ulmer)

NATIONALPARKVERWALTUNG NIEDERSÄCHSISCHES WATTENMEER, UMWELTBUNDESAMT
(HRSG.) (1999): Umweltatlas Wattenmeer – Wattenmeer zwischen Elb- und
Emsmündung (Bd. 2).-200 S. Stuttgart (Ulmer).